DEUTSCHE AKADEMIE DER WISSENSCHAFTEN ZU BERLIN
Kommission für Spektroskopie

J. PLÍVA, M. HORÁK, V. HEROUT, F. ŠORM

DIE TERPENE

Sammlung der Spektren und physikalischen Konstanten

TEIL I:

SESQUITERPENE

AKADEMIE-VERLAG · BERLIN
1960

Dr. Josef Plíva, Dr. Milan Horák,
Dr. Vlastimil Herout, Prof. Dr. František Šorm
Institut für Chemie der Tschechoslowakischen Akademie der Wissenschaften
Praha 6, Na cvičišti 2

Erschienen im Akademie-Verlag GmBH, Berlin W 1, Leipziger Straße 3—4

Lizenz-Nr. 202 · 100/470/60
Gesamtherstellung: VEB Druckerei „Thomas Müntzer" Bad Langensalza
Bestellnummer: 5381
Printed in Germany
ES 18 C 3/5

VORWORT

Vor mehr als zwölf Jahren begann in unseren Laboratorien eine Gruppe von Chemikern, sich mit der Problematik der Terpenverbindungen zu befassen. Durch die Einführung leistungsfähiger Trennverfahren, insbesondere durch Verbindung der Feindestillation mit den Methoden der Chromatographie[1], konnten viele ätherische Öle und Pflanzenextrakte in ihre Komponenten zerlegt werden. Hierbei wurde eine große Zahl von Terpenen isoliert, welche größtenteils als bereits in der Natur aufgefunden identifiziert werden konnten (wenngleich bei vielen die Darstellung im Reinzustand erst durch die Chromatographie möglich geworden war), deren nicht unerheblicher Teil sich jedoch als bisher in der Literatur noch nicht beschrieben erwies. Diese neuen Stoffe, sowie einige bereits bekannte ungeklärter Konstitution, wurden dann genauer untersucht und, wo dies angängig schien, ihre Konstitution ermittelt. Im Laufe dieser Arbeiten wurde eine Reihe neuer Strukturtypen entdeckt, wie z. B. Verbindungen mit neun-, zehn- und elfgliedrigen Kohlenstoffringen oder Stoffe, in denen ein fünfgliedriger und ein sechsgliedriger Ring in Spiranbindung aneinandergekettet sind und andere mehr.

In allen diesen ausgedehnten Untersuchungen wurde systematisch von der Infrarotspektroskopie Gebrauch gemacht, welche sich sowohl bei der Identifizierung der aus dem nativen Material isolierten Verbindungen als auch bei der Klärung von Konstitutionsfragen gut bewährt hat. So entstand mit der Zeit eine umfassende Sammlung von Infrarotspektren und physikalischen Konstanten nativer Terpenverbindungen, ihrer Derivate, Hydrierungs- und Dehydrierungsprodukte sowie verschiedener synthetischer Modelle. Diese Sammlung diente bisher vorwiegend den Bedürfnissen der Naturstoffabteilung unseres Instituts. Eine Reihe ausländischer Fachleute, welche in den letzten Jahren unser Institut besuchten, haben sich für die Sammlung interessiert und ihre Veröffentlichung befürwortet. Wir haben uns daher entschlossen, das zur Verfügung stehende Material kritisch zu sichten und im Druck herauszugeben. Zur Veröffentlichung wurden nur die Spektren und physikalischen Konstanten derjenigen Stoffe zugelassen, welche in genügender Reinheit dargestellt werden konnten. Außerdem wurde versucht, die Sammlung durch Angaben über einige in der Literatur beschriebene Terpenverbindungen zu ergänzen, welche uns bisher fehlten. Hierbei ist ausdrücklich zu bemerken, daß wir uns nicht mit dem Studium der nichtterpenischen Komponenten der ätherischen Öle befaßt haben, wie z. B. mit den Derivaten des Allylbenzols u. ä. Die Sammlung enthält daher nur die Spektren der terpenischen Komponenten ätherischer Öle und Pflanzenextrakte.

Mit Rücksicht auf das Arbeitsprogramm unserer Gruppe konnten wir zunächst eine recht vollständige Sammlung von Sesquiterpenverbindungen zusammenstellen, die wohl die Mehrzahl der heute bekannten Sesquiterpene umfaßt. Diesen ersten Teil des geplanten Werkes übergeben wir in vorliegendem Bande der Öffentlichkeit. Wir hoffen, daß es uns in nicht zu ferner Zukunft möglich sein wird, die Sammlung auch auf dem Gebiet der Monoterpene und höheren Terpene zu vervollständigen. Verschiedene Präparate wurden uns freundlicherweise von ausländischen sowie von tschechoslowakischen Forschern überlassen; mehrere Kollegen stellten uns bereits gemessene Spektren und weitere Angaben über die von ihnen untersuchten Stoffe zur Verfügung.

Mit der Verfeinerung der Isolierungsmethoden geht immer die Entdeckung neuer Stoffe Hand in Hand. Diese Entwicklung ist heute noch nicht als abgeschlossen zu betrachten; besonders vielversprechend scheint in dieser Beziehung die Gaschromatographie zu sein. Wir hoffen darum, daß gelegentlich der Herausgabe der Spektren der Monoterpene auch weitere Ergänzungen in der Reihe der Sesquiterpene werden erscheinen können. Bei dieser Gelegenheit wenden wir uns an die Benutzer der Sammlung mit der Bitte, durch Überlassung reiner Präparate oder deren Spektren und anderer Angaben, Stoffe betreffend, die in der Sammlung noch nicht enthalten sind, uns bei der Vervollständigung freundlich zu unterstützen. Auch für Hinweise auf Ungenauigkeiten und Fehler, welche mit Rücksicht auf den Umfang des Materials wohl unterlaufen sein dürften, werden wir immer dankbar sein.

Das Ziel der Sammlung erblicken wir in erster Linie darin, dem auf dem Gebiet der Terpenchemie und der praktischen Analyse ätherischer Öle und Pflanzenextrakte Tätigen umfassende experimentelle Unterlagen zur Identifizierung, qualitativen Analyse und Konstitutionsermittlung der terpenischen Komponenten nativer Materialien in die Hand zu geben. Die Sammlung gibt in übersichtlicher Form ein Bild von den Eigenschaften der Terpene sowie von den Beziehungen zwischen Spektrum und Konstitution in dieser Stoffgruppe. Wir hoffen auch, daß die Sammlung, ähnlich wie die analoge Publikation „Infrared Absorption Spectra of Steroids“ von Dobriner, Katzenellenbogen und Jones[2] und besonders die umfassende Sammlung von Infrarotspektren reiner Kohlenwasserstoffe, welche im Rahmen des „American Petroleum Institute Research Project No 44“[3] herausgegeben wird, nicht nur zur Identifizierung der Terpene, sondern auch zum genaueren Studium der charakteristischen Frequenzen verschiedener Atomgruppen sowie zu anderen physikalisch-chemischen Forschungsarbeiten beitragen wird.

EINLEITUNG

Beim Entwerfen des Planes für eine Sammlung von Spektren und physikalischen Konstanten, die der Analyse und dem Studium der Konstitution in einer gewissen Stoffgruppe dienen soll, sind möglichst alle Gesichtspunkte zu beachten, die für die praktische Brauchbarkeit der Sammlung mitbestimmend sind.

Vor allen Dingen müssen die Stoffe, deren Spektren und Konstanten in die Sammlung aufgenommen werden sollen, genügend rein sein, damit die tabellierten Angaben nicht nur zur verläßlichen Identifizierung der Stoffe, sondern auch zur Schätzung ihres Reinheitsgrades Verwendung finden können. Bei Terpenverbindungen, insbesondere bei Sesquiterpenen, ist diese Reinheitsforderung oft nur schwer zu erfüllen; wir haben es daher für angezeigt gehalten, in den nachfolgenden Zeilen einen kurzen Abriß derjenigen Isolierungs- und Reinigungsmethoden mitzuteilen, die sich in unserem Laboratorium beim Studium der Terpene im Laufe der Jahre bewährt haben.

Die zweite Frage betrifft die Wahl geeigneter Meßmethoden sowie die graphische Darstellung der Spektren, worüber im nächsten Abschnitt berichtet wird. Der dritte und letzte Abschnitt bringt dann eine praktische Anleitung zum Gebrauch der Sammlung, worin der Gang der qualitativen Analyse ätherischer Öle und die Konstitutionsermittlung ihrer terpenischen Komponenten, insbesondere die Bestimmung der Struktur des Kohlenstoffgerüstes, angedeutet werden.

Isolierung und Reindarstellung der Stoffe

Ätherische Öle und Pflanzenextrakte stellen im allgemeinen komplizierte polykomponente Systeme dar. Die Trennung dieser Gemische ist ein schwieriges Problem besonders bei den Sesquiterpenen, deren Siedepunkte meist nahe beieinander liegen und die daher, zum Unterschied von den Monoterpenen, durch Destillation oft nicht vollständig getrennt werden können. Erschwerend für die Reindarstellung der Sesquiterpene ist auch der Umstand, daß es sich meist um flüssige Stoffe handelt. Es mußten daher neue Methoden entwickelt werden, welche auch in dieser Stoffgruppe einwandfreie Isolierung und ausreichenden Reinheitsgrad gewährleisten. In unserem Institut hat sich im Laufe der Jahre ein Arbeitsgang bewährt, der von Fall zu Fall dem Charakter des zu untersuchenden Materials angepaßt werden kann und dessen Hauptzüge hier kurz wiedergegeben werden sollen.

Das durch Schütteln mit Bikarbonatlösung von allen sauren Anteilen befreite Öl wird zunächst in einer trennschwachen Destillierkolonne mit hohem Durchsatz in mehrere Rohfraktionen zerlegt. Unter schwach vermindertem Druck werden zuerst die flüchtigsten Anteile abgetrieben, die niedermolekulare Alkohole, Aceton, Aldehyde und gegebenenfalls Reste des Lösungsmittels enthalten. Beim Vakuum der Wasserstrahlpumpe gehen dann die monoterpenischen Kohlenwasserstoffe über (Kp. zwischen 35 und 70 °C/10 Torr) und darauf eine Fraktion, welche in der Hauptsache sauerstoffhaltige Monoterpene enthält (Kp. 70—110 °C/10 Torr). Nach dem Ansetzen der Ölpumpe destillieren dann die sesquiterpenischen Kohlenwasserstoffe (Kp. ungefähr 80—110 °C/1 Torr). Es ist besser, höhersiedende Anteile in manchen Fällen nicht weiter zu destillieren, da die Gefahr der Zersetzung besteht. Bei der Aufarbeitung einiger ätherischer Öle wurde festgestellt, daß es selbst bei der Destillation der leichtsiedenden Anteile unter stark vermindertem Druck schon zu Veränderungen gewisser empfindlicher Komponenten kommt, wie z. B. beim Wermutöl u. ä. In solchen Fällen und auch dann, wenn das Öl nur wenig leichtsiedende Anteile enthält, ist es vorteilhafter, die Trennung unmittelbar auf chromatographischem Wege vorzunehmen.

Die durch Destillation gewonnenen Rohfraktionen müssen nun weiter getrennt werden. Die Kohlenwasserstoffe werden vor der weiteren Verarbeitung von Resten sauerstoffhaltiger Stoffe befreit, was oft nicht durch alleinige Destillation, möglicherweise wegen Bildung azeotroper Gemische, erreicht werden kann. Man nimmt am besten eine adsorptive Filtration in petrolätherischer Lösung vor über eine 5- bis 10-fache Menge (je nach der Menge der sauerstoffhaltigen Beimischungen) von alkalischem Aluminiumoxyd der Aktivität I—II*) nach Brockmann. Dieses Verfahren ist bedeutend wirksamer als die klassische Destillation mit Natrium und versagt nur bei einigen oxydischen Verbindungen wie z. B. beim Cineol. Die sauerstoffhaltigen Verbindungen werden bei Anwendung dieser Methode nicht zersetzt (wie bei der Destillation mit Natrium), sondern können mit einem mehr polaren Lösungsmittel aus der Säule eluiert werden.

Falls bei den vorangegangenen Operationen eine größere Menge von Kohlenwasserstoffen gewonnen wurde, ist es vorteilhaft, das Gemisch einer sorgfältigen fraktionierten Destillation unter vermindertem Druck in einer entsprechend trennstarken Kolonne bei hohem Rückflußverhältnis zu unterwerfen. Der Verlauf der Trennung wird durch Messung der physikalischen Konstanten (spezifische Drehung, Dichte, Brechungsindex) bzw. durch Aufnahme der Infrarotspektren der einzelnen Fraktionen verfolgt. Bei den monoterpenischen Kohlenwasserstoffen erhält man auf diese Weise schon verhältnismäßig reine Stoffe, welche durch die weiteren Operationen (z. B. durch adsorptive Perkolation) nur noch nachgereinigt werden. Dagegen gelingt es bei den Sesquiterpenen durch Destillation meist nur die Stoffe in Gruppen mit nahe beieinanderliegenden Siedepunkten zu zerlegen. Nichtsdestoweniger erleichtert diese teilweise Trennung die nachfolgende chromatographische Isolierung ganz bedeutend. Falls nur eine beschränkte Menge der kohlenwasserstoffhaltigen Anteile zur Verfügung steht, schreitet man unmittelbar zur chromatographischen Trennung ohne vorhergehende Destillation.

Zur Trennung von Gemischen monoterpenischer Kohlenwasserstoffe und zur Reinigung der Fraktionen wurde in unserem Institut die Methodik der adsorptiven Perkolation an Aktivkohle[4] oder an Silikagel entwickelt. Die Perkolation wird in einer konischen Säule des körnigen Adsorbenten ausgeführt, indem das zu trennende Gemisch ohne Lösungsmittel perkoliert wird; der Durchgang des Gemisches durch die Säule wird durch ein geeignetes Verdrängungsmittel (z. B. Benzylalkohol) erreicht. Der Fortgang der Trennung wird wieder mit Hilfe physikalischer Konstanten oder spektroskopisch verfolgt. Diese Methodik wurde bei uns eingeführt, weil die Trennung der Monoterpene durch die übliche chromatographische Methode in petrolätherischer Lösung unpraktisch ist, denn es ist schwierig, die kleinen chromatographischen Fraktionen verlustlos vom Lösungsmittel zu befreien. Die adsorptive Perkolation hat sich überdies auch für die letzte Reinigung bereits hochprozentiger Konzentrate der einzelnen Stoffe bestens bewährt.

Zur Trennung der sesquiterpenischen Kohlenwasserstoffe eignet sich am besten die wiederholte Chromatographie (Elutionsmethode) an einem großen Überschuß (100- bis 200-fache Menge des zu trennenden Gemisches) von aktiviertem Al_2O_3 (Aktivität I—II)[1]. Den Verlauf der Trennung verfolgt man wieder durch Messung der physikalischen Konstanten der Frak-

*) Mit dieser Bezeichnung ist ein Aktivitätsgrad gemeint, welcher zwischen I und II liegt. Am Aluminiumoxyd des Aktivitätsgrades I zersetzt sich schon eine Reihe von Stoffen, wie Sabinen, Azulen u. a. Neuerdings wird zur Entfernung sauerstoffhaltiger Anteile aus Kohlenwasserstoffen auch Silikagel, aktiviert bei 200 °C, genommen, an welchem bisher keine Isomerisationen in größerem Maße beobachtet wurden. Wenn Ester in unverändertem Zustand abgetrennt werden sollen, empfiehlt sich die Verwendung von neutralem Al_2O_3 an Stelle des alkalischen.

tionen, welche durch Destillation vom Lösungsmittel befreit werden. Besonders in den Endphasen der Trennung ist die Kontrolle durch die Infrarotspektroskopie wichtig. Die Werte der physikalischen Konstanten geben für die weiteren Operationen wertvolle Hinweise: Minima oder Maxima der Konstanten zeugen für die Anreicherung einzelner Komponenten in den Fraktionen. Durch wiederholtes Chromatographieren erhält man Fraktionen, deren Konstanten den Werten der reinen Stoffe zustreben oder zu denen der Gemische, die durch die verwendete Methode nicht mehr zerlegt werden können. Das Verfahren wird solange fortgesetzt, bis man mehrere (meist zwei bis drei) aufeinanderfolgende Fraktionen mit denselben physikalisch-chemischen Eigenschaften erhält.

Zur Trennung der sauerstoffhaltigen Monoterpene und Sesquiterpene verwendet man, sofern sie genügend stabil sind, zunächst ebenfalls eine sorgfältige Feindestillation in einer entsprechend leistungsfähigen Kolonne und dann gegebenenfalls die Elutionschromatographie an einem weniger aktiven Aluminiumoxyd (Aktivität nach Brockmann ungefähr III). Die letzte Reinigung derjenigen sauerstoffhaltigen Terpenderivate, die nicht selbst feste Stoffe sind und deswegen nicht durch mehrmaliges Umkristallisieren in vollkommen reinem Zustand gewonnen werden können, geschieht oft durch Überführen in ein geeignetes kristallisierendes Derivat, aus dem der ursprüngliche Stoff leicht wieder regeneriert werden kann.

Etwas anders verläuft die Aufarbeitung von Pflanzenextrakten. Unsere Sammlung enthält jedoch nur wenig Verbindungen, die nicht aus Ölen gewonnen wurden (hierher gehören die meisten Terpenlaktone); es schien daher überflüssig, die Isolierungsmethodik dieser Stoffe eingehender zu beschreiben. Auch hier ist die adsorptive Chromatographie am neutralen Aluminiumoxyd (Aktivität IV—V) die wichtigste Operation, die bei festen Stoffen natürlich mit nachfolgender Kristallisation verbunden ist.

Messung der Infrarotspektren

Alle Spektren wurden mit dem Einstrahl-Infrarotspektrometer der Firma Perkin-Elmer, Modell 12 B resp. 12 C mit Steinsalzoptik gemessen, sofern es in der Sammlung nicht anders angegeben ist. Es wurden die üblichen gekitteten Steinsalzküvetten von 0,15 bis 0,025 mm Schichtdicke verwendet (die Schichtdicke der Küvette ist bei jedem Spektrum in der Spalte „Mess." angegeben). Zur Messung stark absorbierender oder viskoser Stoffe und für Messungen in der Schmelze wurden zusammensetzbare Steinsalzküvetten von 0,1 bis 0,005 mm Schichtdicke genommen.

Die Wellenzahlskala wurde zwischen 1240—2000 cm^{-1} mit Hilfe des Spektrums des atmosphärischen Wasserdampfes, zwischen 720—1200 cm^{-1} mit gasförmigem Ammoniak und zwischen 650—750 cm^{-1} mit Kohlenstoffdioxyd geeicht. Das Auflösungsvermögen des Gerätes beträgt bei den laufenden Messungen 2—3 cm^{-1} zwischen 650 und 800 cm^{-1}, ungefähr 4—5 cm^{-1} in der Umgebung von 1000 cm^{-1} und ungefähr 7—10 cm^{-1} zwischen 1300 und 2000 cm^{-1}.

Die flüssigen Stoffe wurden fast ausnahmslos in der reinen Flüssigkeit ohne Verwendung eines Lösungsmittels gemessen. Feste Stoffe, deren Schmelzpunkte nicht zu hoch lagen (bis ungefähr 100—120 °C), wurden entweder in der Schmelze gemessen (unter Verwendung einer zusammengesetzten beheizbaren Küvette) oder in einem der üblichen Lösungsmittel (CCl_4, CS_2). Die Spektren der Sesquiterpenlaktone, welche in der Sammlung ebenfalls angeführt sind, wurden bis auf wenige Ausnahmen an 7%igen Lösungen in Chloroform gemessen. Die Meßtechnik sowie das verwendete Lösungsmittel sind auf den einzelnen Blättern in der Spalte „Mess." vermerkt.

Aus technischen Rücksichten werden die Spektren in dieser Sammlung nur in dem Bereich zwischen 650 bis 2000 cm^{-1} dargestellt. Die untere Grenze ist durch die Durchlässigkeit des optischen Materials (Steinsalz) gegeben. Die obere Grenze wurde einesteils durch den Wunsch bestimmt, die Spektren in genormtem Format herauszugeben, andernteils durch die Tatsache, daß mit Steinsalzoptik aufgenommene Spektren oberhalb dieser Grenze kaum brauchbare Informationen geben. Die Spektren der gesättigten Kohlenwasserstoffe werden nur zwischen 650 und 1500 cm^{-1} angegeben, weil in dem Gebiet der Doppelbindungen (zwischen 1500 und 2000 cm^{-1}), das bei ungesättigten und bei Carbonyl-Verbindungen wichtig ist, keine analytisch wichtigen Maxima der gesättigten Kohlenwasserstoffe liegen.

Die Art der Darstellung der Spektren in unserer Sammlung schließt sich der z. B. in England und in der Schweiz üblichen Praxis an, wo die prozentige Durchlässigkeit über der linearen Wellenzahlskala in cm^{-1} aufgetragen wird. Diese Darstellung ist bis zu einem gewissen Grade auch schon durch die verwendete Meßtechnik gegeben und entspricht nach unseren Erfahrungen am besten den praktischen Anforderungen im ganzen spektralen Bereich.

Anwendung der Infrarotspektren

Es ist nicht das Ziel dieses Abschnitts, eingehend die Anwendung der Infrarotspektroskopie bei der Lösung von Strukturfragen in der Terpengruppe zu besprechen. Bei den Terpenen kommen prinzipiell die allgemein bekannten Methoden der Infrarot-Analyse zur Anwendung sowie die Beziehungen zwischen Infrarotspektrum und Struktur, welche in den letzten Jahren besonders in drei Monographien[5,6,7] eingehend bearbeitet worden sind. Diese Zeilen sollen vielmehr diejenigen Leser in den Gebrauch der Sammlung einführen, die bisher nicht auf dem Gebiet gearbeitet haben. Außerdem gibt der Abschnitt einen Überblick über die Verwendung der Infrarotspektroskopie an unserem Institut.

Analyse ätherischer Öle

Wie bereits in den vorangegangenen Abschnitten gezeigt wurde, ist es notwendig, alle Isolierungs- und Reinigungsoperationen systematisch durch Messung der physikalischen Konstanten zu verfolgen. Nur auf diese Weise kann festgestellt werden, ob sich in den Fraktionen einzelne Stoffe anreichern oder nicht. Die vollständigste Information über den Verlauf der Stofftrennung im Gemisch gibt jedoch die spektroskopische Kontrolle der Einzelfraktionen.

Wenn bei der fraktionierten Destillation oder der Chromatographie alle Fraktionen gleich groß genommen werden, kann man aus den physikalischen Konstanten und den Spektren aller Fraktionen die Komponentenzahl im Gemisch erfahren, selbst ohne die Natur der im Gemisch enthaltenen Stoffe zu kennen. Aus dem Ansteigen und Abfallen der Intensität der Absorptionsbanden bei gewissen Frequenzen in aufeinanderfolgenden Fraktionen kann genau angegeben werden, in welcher Fraktion eine bestimmte Komponente noch vorkommt. Durch eine sorgfältige Analyse aller Banden, deren Intensität sich während der Trennung ändert, gelingt es, die Komponentenzahl festzustellen und semiquantitativ die Zusammensetzung des Gemisches abzuschätzen. Wenn wir die Hauptfrequenzen der Einzelkomponenten kennen, gestatten die anwesenden Gruppenfrequenzen z. B. des Carbonyls, der OH-Gruppe u. a. zumindest den chemischen Charakter der Verbindung anzugeben. Eine derartige vorläufige Analyse erleichtert die weiteren Trennoperationen bedeutend. In günstigen Fällen gelingt es schon in diesem Stadium, einige Komponenten des Gemisches zu identifizieren.

Die einzelnen angereicherten Fraktionen werden dann auf Grund der vorläufigen Analyse den weiteren Reinigungsoperationen zugeteilt, durch die man schon zu mehr oder weniger reinen Einzelstoffen gelangt. Die Identifizierung derselben wird durch Vergleich ihrer physikalischen Konstanten und ihrer Infrarotspektren mit den Angaben dieser Sammlung durchgeführt. Auch der Reinheitsgrad der gewonnenen Stoffe kann durch Vergleich mit den Spektren der Sammlung beurteilt werden; hierbei ist neben dem Frequenzbereich des „Fingerabdrucks" des Stoffes auch der Rest des Spektrums zu berücksichtigen, da die Beimengungen sehr verschiedener chemischer Natur sein können.

Derart einfach gestaltet sich also die Identifizierung der Komponenten eines ätherischen Öls, wenn es sich um bekannte, in der Sammlung angeführte Verbindungen handelt. Wenn man hingegen bei der Analyse des Öls auf einen individuellen terpenischen Stoff stößt, dessen Spektrum mit keinem der bekannten Stoffe in der Sammlung übereinstimmt, dann ist die Aufgabe der Identifizierung wesentlich schwieriger, da es sich im Grunde um die Ermittlung der Konstitution des neuen Stoffes handelt.

Ermittlung der Konstitution

Den chemischen Charakter des untersuchten Stoffes, d. h. eigentlich die Natur seiner Funktionsgruppen und Bindungen, erfährt man einesteils aus seinen chemischen Eigenschaften, andernteils aus der Strukturdiagnose des Infrarotspektrums, welche auf Grund gewisser charakteristischer Banden im Spektrum auf die Anwesenheit der entsprechenden Atomgruppen in dem Molekül zu schließen gestattet. Der entscheidende Schritt in der Ermittlung der Konstitution des unbekannten Stoffes ist jedoch die Bestimmung des Kohlenstoffgerüstes. Für Stoffe mit einem hydroaromatischen Kohlenstoffgerüst (resp. mit einem Gerüst, welches bei höheren Temperaturen in ein aromatisches umgewandelt werden kann) eignet sich zur Bestimmung des Kohlenstoffskeletts die Dehydrierungsmethode, welche Ruzicka und Mitarbeiter in die Chemie der Terpene eingeführt haben[8]. Das Prinzip dieser bekannten Methode besteht in der Überführung des untersuchten Stoffes durch Einwirkung von Schwefel, Selen oder Palladium bei hoher Temperatur in einen aromatischen Kohlenwasserstoff, der dann bequem durch Bildung einer charakteristischen Additionsverbindung mit Trinitrobenzol, Pikrin- oder Styphninsäure oder auch auf spektroskopischem Wege identifiziert werden kann. Besonders bei den Verbindungen der Sesquiterpenreihe hat diese Methode die gegenseitigen Beziehungen der Stoffe untereinander aufgedeckt und zu einer Klassifizierung der Verbindungen nach ihrem Kohlenstoffgerüst geführt. Ein Nachteil der Dehydrierungsmethode besteht darin, daß sie notwendig bei denjenigen Stoffen versagt, die nicht in einen aromatischen Kohlenwasserstoff umgewandelt werden können, also z. B. bei aliphatischen Stoffen, bei Makrocyclen u. a. Außerdem kommt es unter den Bedingungen der Dehydrierung oft zu unerwarteten Umlagerungen oder zur Abspaltung von Gruppen, so daß die Ergebnisse der Methode manchmal zu Trugschlüssen führen können. Auch sind die Ausbeuten der Dehydrierung meist klein, so daß zur Ausführung der Reaktion eine größere Stoffmenge erforderlich ist; dies ist bei manchen Terpenverbindungen eine schwer zu erfüllende Bedingung.

In unserem Laboratorium hat sich eine andere Methode zur Bestimmung des Kohlenstoffgerüstes gut bewährt[9], wobei der untersuchte Stoff durch vollständige Hydrierung und gegebenenfalls Reduktion und Entfernung aller Funktionsgruppen in einen gesättigten Kohlenwasserstoff überführt wird (oder in ein Gemisch von Stereoisomeren). Sein Spektrum kann dann durch Vergleich mit den Infrarotspektren der bekannten Kohlenwasserstoffe identifiziert werden. Darum sind in unserer Sammlung die Spektren der Hydrierungsprodukte aller bisher bekannten Strukturtypen von Sesquiterpenen angeführt, wodurch die Zuordnung des unbekannten Stoffes zu dem entsprechenden Strukturtyp leicht und bequem ausgeführt werden kann. Diese Methode ist auf alle beliebigen Verbindungstypen anwendbar, sofern man nur das Spektrum des Grundkohlenwasserstoffs kennt. Ein weiterer Vorteil der Methode ist dadurch gegeben, daß die Hydrierung und Reduktion unter so milden Reaktionsbedingungen ausgeführt werden kann, daß keine Umlagerungen zu befürchten sind; außerdem verlaufen alle diese Reaktionen mit so guter Ausbeute, daß man mit ziemlich kleinen Mengen des Ausgangsmaterials auskommt. Die spektroskopische Methode gestattet auch eine allgemeine Klassifizierung der Strukturtypen der Terpenverbindungen: Die isolierten Stoffe werden den einzelnen Strukturtypen nach dem Spektrum desjenigen Grundkohlenwasserstoffs zugeordnet, der aus ihnen durch vollständige Hydrierung gewonnen wird. Diese Möglichkeit der Zuordnung und Klassifizierung besteht auch bei Verbindungen, für welche die Struktur des Grundskeletts noch unbekannt ist. Aus diesem Grunde sind in unsere Sammlung auch die Spektren einiger gesättigter Kohlenwasserstoffe aufgenommen worden, deren Konstitution bisher noch nicht geklärt ist.

Eine gewisse Beschränkung der Methode besteht darin, daß man bei Reduktion bicyclischer und polycyclischer Verbindungen verschiedene Gemische von Stereoisomeren erhalten kann, deren Spektren verschieden sein können. Dieser Umstand ließ uns bei manchen Strukturtypen der Sesquiterpene mehrere Untergruppen unterscheiden, deren Grundkohlenwasserstoffe nur sterisch verschieden sind, aber darum auch verschiedene Spektren haben. (Dies ist z. B. bei den Gliedern der Cadinan- und der Vetivangruppe der Fall). Bei den meisten Strukturtypen geben jedoch die bisher bekannten nativen Stoffe untereinander ähnliche Gemische der geometrischen Isomeren, besonders dann, wenn man zu ihrer Darstellung standardisierte Methoden anwendet und z. B. alle Hydrierungen an einem Platinkatalysator nach ADAMS bei Zimmertemperatur in Eisessig ausführt. Die praktischen Erfahrungen mit dieser Methodik haben gezeigt, daß die Spektren der Hydrierungsprodukte desselben Grundtyps sich selbst bei den bicyclischen und tricyclischen Stoffen untereinander nur durch die Intensitätsverhältnisse der einzelnen Banden unterscheiden, wobei jedoch die Frequenzen der Bandenmaxima unverändert bleiben. So konnten z. B. die Spektren der gesättigten Kohlenwasserstoffe, die durch Hydrierung nativer Stoffe gewonnen wurden, mit den Spektren synthetischer Präparate, in denen kaum sterisch einheitliche Stoffe erhalten werden konnten, mit Erfolg verglichen werden. Ganz allgemein kann man feststellen, daß die Methode in der Mehrzahl der Fälle zu einer verläßlichen Bestimmung des Kohlenwasserstoffgerüstes führt. Wenn das Spektrum des Hydrierungsproduktes mit keinem der Spektren der bekannten gesättigten Kohlenwasserstoffe übereinstimmt, ist hieraus jedoch noch nicht zu schließen, daß es sich um einen bisher unbekannten Strukturtyp handelt; der vorliegende Kohlenwasserstoff kann auch das geometrische Isomere eines bereits bekannten Kohlenwasserstoffs sein.

Wenn das Kohlenstoffgerüst des untersuchten Stoffes bekannt ist, muß noch die Lage der Doppelbindungen und der Funktionsgruppen bestimmt werden. Hier kann die Infrarotspektroskopie wieder wertvolle Informationen auf Grund der charakteristischen Frequenzen der einzelnen Atomgruppen liefern, wie sie übersichtlich in den zitierten Monographien[5, 6, 7] zusammengestellt sind. Durch ein systematisches Studium der Infrarotspektren der Terpene konnte die Kenntnis der charakteristischen Frequenzen in einigen Punkten ergänzt werden, wie dies am Beispiel der charakteristischen Frequenzen der Doppelbindungen gezeigt werden soll (siehe Tabelle I). Die üblicherweise angegebenen Grenzen für charakteristische Frequenzen der Doppelbindungen verschiedener Typen stützen sich hauptsächlich auf die zahlreichen Spektren acyclischer Olefine. In den Spektren der Terpene cycloolefinen Charakters und in den synthetisch hergestellten Modellstoffen konnten wir jedoch systematische Abweichungen von den für acyclische Olefine angegebenen Werten beobachten, wie dies aus der Tabelle I zu ersehen ist. Diese Zusammenhänge konnten in einer Reihe konkreter Fälle, besonders bei den Sesquiterpenen, zur Bestimmung des Charakters und der Lage der Doppelbindungen verwendet werden. Auch über die Lage von Funktionsgruppen, z. B. der OH-Gruppe, kann man mit Hilfe dieser Korrelation in manchen Fällen Aufschluß erhalten, da man z. B. die Lage der durch Dehydratation der OH-Gruppe gebildeten Doppelbindung bestimmen kann. Zur Lage bestimmung der OH- oder der CO-Gruppe können in günstigen Fällen auch die Spektren der gesättigten Alkohole oder Ketone beisteuern (welche durch Hydrierung der nativen Verbindungen entstehen), die ebenfalls in unsere Sammlung aufgenommen wurden.

Weitgehende Möglichkeiten eröffnen sich der Infrarotspektroskopie auch beim Studium der Konstitution derjenigen Verbindungen, deren Kohlenstoffgerüst noch unbekannt ist, oder für die, mit Rücksicht auf ihre komplizierte Struktur, die eben beschriebenen Methoden der

TABELLE I

Charakteristische Frequenzen der Doppelbindungen (in cm^{-1})

Typ der Doppelbindung	δ (CH)	2 δ (CH)	ν (C=C)
>C=CH$_2$ acyclisch; 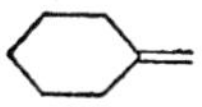	885—895 vs	1770—1800 w-m	1640—1655 s
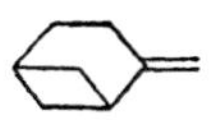	875—885 vs	1750—1780 w-m	1640—1655 s
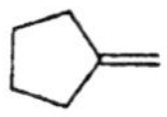	865—885 vs	1740—1770 w-m	1650—1675 s
H/H >C=C< R'/H (trans)	960—975 vs		
H/H >C=C< R'/H (cis) acyclisch	670—710 vs		1650—1670 w-m
	720—750 vs <700 s		1640—1660 w-m
>C=CH— acyclisch	810—840 s		1660—1680 m
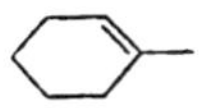	795—820 s	1580—1640 w	1660—1680 m
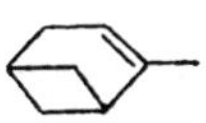	780—800 s	1570—1600 w	1650—1670 m
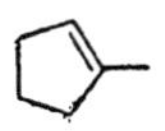	760—800 s	1550—1600 w	1640—1660 m

Konstitutionsermittlung nicht zum Ziel führen, wie z. B. bei den Sesquiterpenlaktonen. In diesen Fällen dienen die Infrarotspektren hauptsächlich zur Identifizierung der Produkte der Spaltungen und Abbaureaktionen. Der Arbeitsgang hat sich hier nach der Natur des untersuchten Stoffes zu richten und kann in dieser kurzen Übersicht nicht näher erörtert werden.

Anordnung der Sammlung

Die Infrarotspektren sowie die übrigen Angaben, welche die einzelnen Stoffe charakterisieren, sind auf lose Blätter vom Format DIN A 4 gedruckt; auf diese Weise soll dem Benutzer der Sammlung die Möglichkeit gegeben werden, das Material nach dem für ihn zweckmäßigsten System anzuordnen; auch die Ergänzung der Sammlung durch Spektren neuer Verbindungen wird dadurch erleichtert.

Jedes Blatt enthält in der linken oberen Ecke eine Nummer und den Namen der Verbindung. Aus praktischen Gründen haben wir meist die Trivialnamen gebraucht, die sich in der Chemie der Terpene eingebürgert haben; neue Stoffe haben wir meist durch Rationalnamen bezeichnet, die von dem Namen des Grundkohlenwasserstoffs oder in einigen Fällen von dem Namen der Pflanze abgeleitet wurden. Nur für einige synthetisch dargestellte Verbindungen haben wir die internationale Nomenklatur benutzt. Die Einteilung der Stoffe geschah nach Strukturtypen; alle Verbindungen, die sich von demselben Kohlenstoffgerüst ableiten, wurden in die gleiche Gruppe eingereiht. Zum gleichen Strukturtyp zählen wir auch Verbindungen, die aus den nativen Stoffen dieses Typs durch chemische Reaktionen entstehen, in denen sich das Kohlenstoffgerüst nur geringfügig ändert, wie dies z. B. bei der Dehydrierung der Fall ist. In diesem Sinne werden Se-Guajazulen und Chamazulen unter den Verbindungen des Guajantyps aufgeführt. Dieses System der Klassifizierung der Terpenverbindungen nach Strukturtypen[10] benutzen wir bereits längere Zeit und finden es jetzt übersichtlicher als die übliche Einteilung z. B. der Sesquiterpene nach ihrer chemischen Natur in Kohlenwasserstoffe, Alkohole, Ketone etc. Das Kriterium, wonach die untersuchte Verbindung einem bestimmten Strukturtyp zugeordnet wird, ist das Spektrum des gesättigten Kohlenwasserstoffs, der aus ihr durch vollständige Hydrierung und Entfernung aller Funktionsgruppen entsteht.

Der Strukturtyp, zu dem der vorliegende Stoff gehört, ist auf dem Blatt in der zweiten Zeile angegeben. Eine Übersicht über die Strukturtypen der Sesquiterpene, in welche die Stoffe der Sammlung eingeteilt wurden, ist in Tabelle II zu finden. Die Verbindungen eines Strukturtyps werden dann in folgender Reihenfolge angeführt: zunächst die Dehydrierungsprodukte, dann der gesättigte Kohlenwasserstoff, die nativen Kohlenwasserstoffe, Alkohole, Ketone, Aldehyde, Laktone und endlich Verbindungen mit mehreren Funktionsgruppen. Produkte, die durch chemische Reaktionen (z. B. partielle Hydrierung, Reduktion, Oxydation) aus den verschiedenen nativen Stoffen gewonnen werden, sind jeweils nach der entsprechenden Mutterverbindung angeführt. Am Ende der Sammlung stehen Verbindungen, deren Konstitution und Strukturtyp bisher noch ungeklärt sind.

Die systematische Anordnung der Stoffe findet ihren Ausdruck in der Numerierung der Blätter in der linken oberen Ecke: Der Buchstabe S bezeichnet die Gruppe der Sesquiterpene, und nach dem Buchstaben kommt die Ordnungszahl der Verbindung, die deren Stellung in der Sammlung angibt. Die Einteilung der Stoffe ist aus dem systematischen Verzeichnis ersichtlich, welches zugleich eine Übersicht über das System der Strukturtypen vermittelt. Ein alphabetisches Verzeichnis der Stoffe ist beigefügt und soll das schnelle Auffinden der einzelnen Stoffe erleichtern. In diesem alphabetischen Verzeichnis erscheinen die Hydrierungsprodukte und andere Derivate hinter dem Namen der Ausgangsverbindung (ähnlich wie im Index der „Chemical Abstracts“), da sonst bei streng alphabetischer Reihenfolge viele eng verwandte Stoffe an verschiedenen Stellen des Verzeichnisses hätten eingereiht werden müssen.

Bei allen Verbindungen wird die Summenformel angeführt. Strukturformeln wurden für diejenigen Verbindungen gezeichnet, deren Konstitution mit genügender Sicherheit bekannt ist; weniger gesicherte Strukturformeln sind mit einem Fragezeichen (?) kenntlich gemacht. Die sterische Anordnung der Substituenten und der sterische Bau der Verbindung wurden in den Formeln allerdings nicht berücksichtigt. Die geometrische und absolute Konfiguration ist nämlich z. Z. nur für eine verhältnismäßig beschränkte Zahl von Verbindungen bekannt und die verschiedene Schreibung der Formeln würde nur zu Uneinheitlichkeit führen. Aus diesem Grunde wird der sterische Bau auch bei den Cadinan- und den Vetivan-Derivaten nicht angegeben, obwohl gerade bei diesen Verbindungen die sterischen Verhältnisse als Ordnungsprinzip benutzt werden.

Auf jedem Blatt sind in der ersten Zeile die physikalischen Konstanten der Verbindung angegeben: die Dichte d_4^{20}, der Brechungsindex n_D^{20} und die spezifische optische Drehung $[\alpha]_D^{20}$, außerdem der Siedepunkt *Kp.* oder der Schmelzpunkt *F.* in °C. In allen Fällen wurden in dieser Rubrik nur die Werte des Präparates angegeben, dessen Spektrum auf dem Blatt dargestellt ist. Die Konstanten wurden auch dann nicht aus der Literatur ergänzt, wenn in dem einen oder anderen Fall aus verschiedenen Gründen die Messung der Konstanten nicht durchgeführt werden konnte.

Die Konstanten wurden meist bei 20° C gemessen, nur in wenigen Fällen wurden sie von der Meßtemperatur auf 20° umgerechnet. In manchen Fällen, besonders für Präparate fremder Herkunft, sind die Konstanten bei anderen Temperaturen angegeben. Anschließend muß bemerkt werden, daß die Konstanten meist an Semimikroproben (ca 50 mg) gemessen wurden, wodurch auch ihre Genauigkeit gegeben ist.

TABELLE II

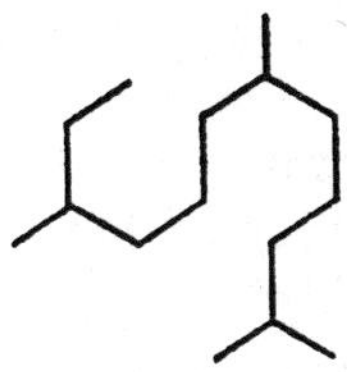
Farnesan

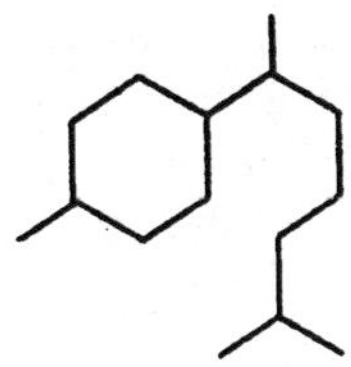
Bisabolan

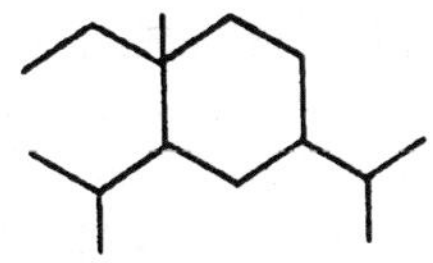
Eleman

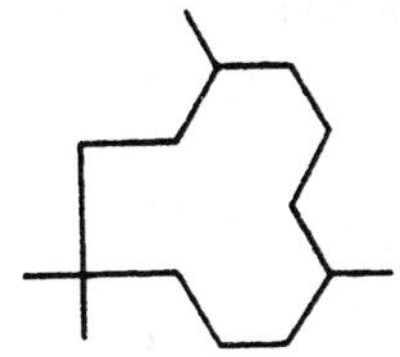
Humulan

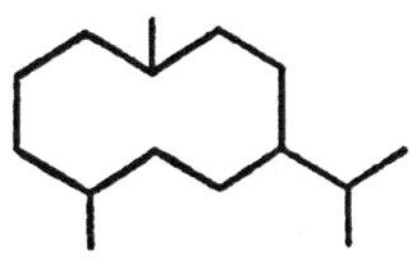
Germacran

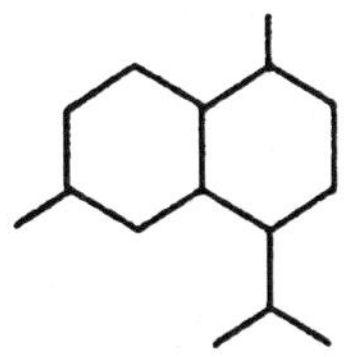
Cadinan

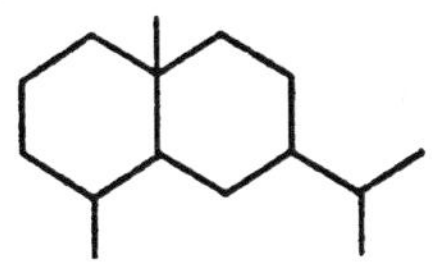
Selinan

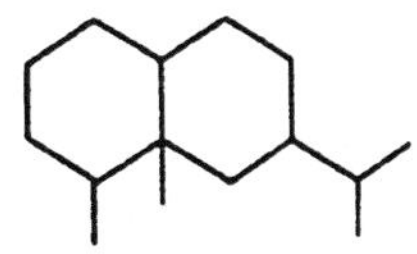
Eremophyllan

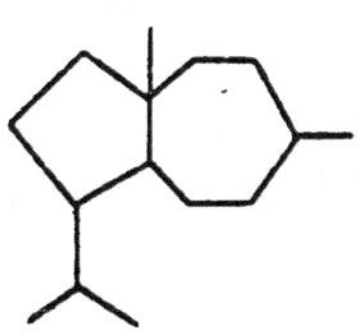
Daucan

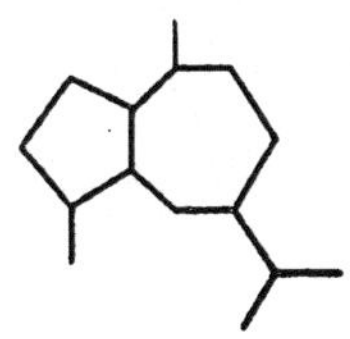
Guajan

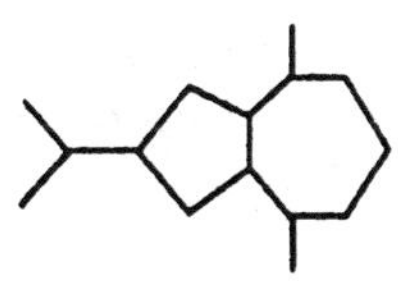
Vetivan

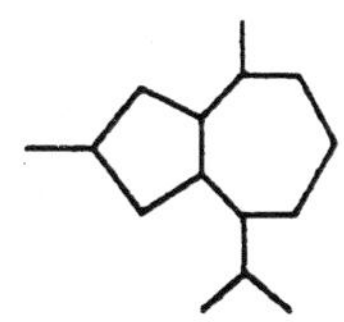
Zieran

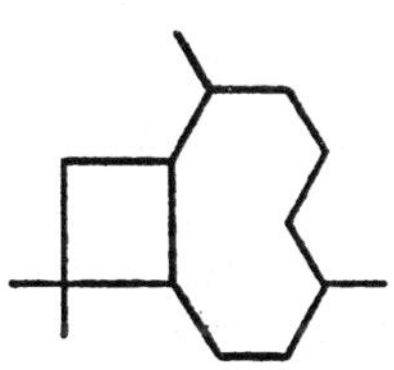
Caryophyllan

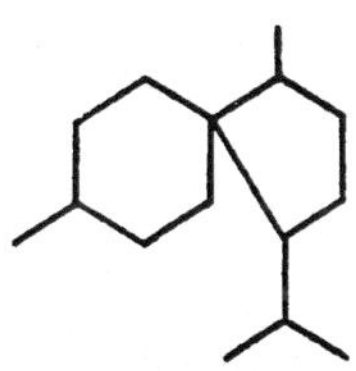
Acoran

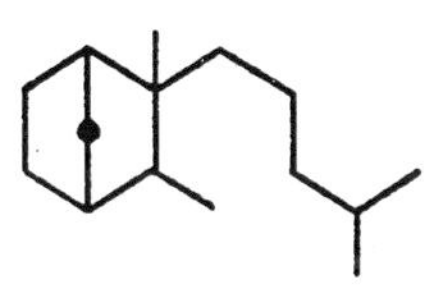
β-Santalan

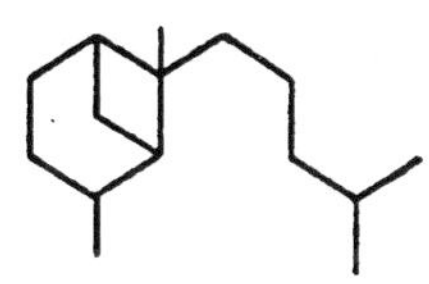
Bergamotan

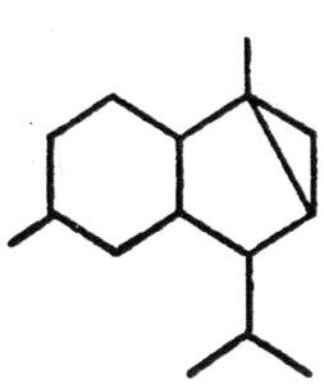
Copan

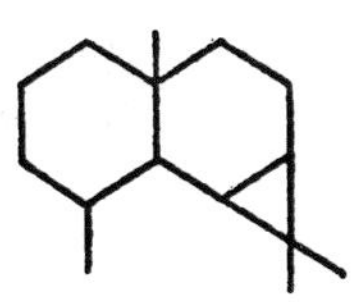
Maalian

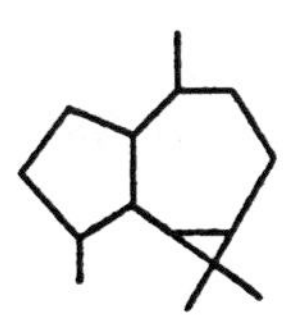
Aromadendran

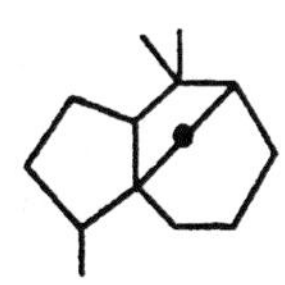
Cedran

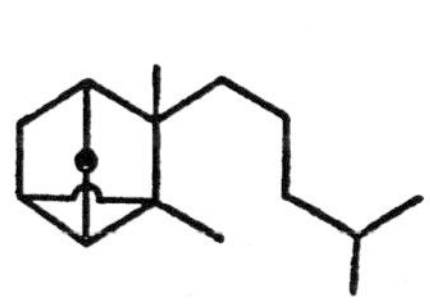
α-Santalan

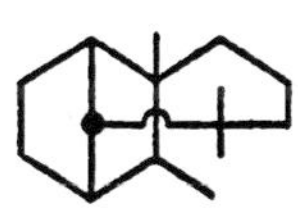
Longifolan

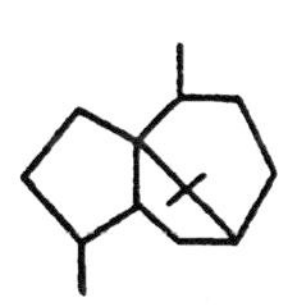
Patschoulan

Bei Verbindungen, die ein System von konjugierten Doppelbindungen enthalten — und ausnahmsweise auch bei anderen Verbindungen — sind in der Rubrik „UV Spektrum“ die Wellenlängen (λ_m) und die Logarithmen der Extinktionskoeffizienten ($\log \varepsilon_m$) der Absorptionsmaxima im ultravioletten und sichtbaren Spektrum angegeben. Soweit nicht anders angegeben, wurden diese Spektren in äthanolischer Lösung (10^{-3} bis 10^{-5} molar) mit einem Beckman-Quarzspektrophotometer, Modell DU, in Quarzküvetten von $1,000 \pm 0,002$ cm Schichtdicke gemessen. Abweichungen von dieser Technik sind ausdrücklich vermerkt.

Verhältnismäßig viel Platz wird der Herkunft und Darstellung der gemessenen Verbindung gewidmet. In der Rubrik „Herkunft“ wird der Name des ätherischen Öls angegeben und die botanische Bezeichnung der Pflanze, aus der es gewonnen wurde. Bei einigen Handelsprodukten, deren genaue Herkunft uns unbekannt war, geben wir die Lieferfirma an. Die Darstellung, Reinigung und Charakterisierung des Stoffes ist in der Rubrik „Darst., Reinig. u. Charakt.“ angedeutet. Die verwendeten Abkürzungen entsprechen denen des Chemischen Zentralblattes.

Die nächste Rubrik „Lab.“ gibt das Laboratorium an, in welchem der Stoff dargestellt wurde, sowie den Namen des Chemikers, der den Stoff dargestellt, bzw. gereinigt und zur Messung geliefert hat. Die am häufigsten angeführten Institute sind mit Abkürzungen bezeichnet. CHÚ ČSAV bedeutet: Chemisches Institut der Tschechoslowakischen Akademie der Wissenschaften, Praha 6, Na cvičišti 2; ÚOT: Institut für organisch-chemische Technologie, Technische Hochschule für Chemie, Praha 6, Technická 1905. Die Publikation, in welcher die Darstellung des Stoffes eingehender beschrieben wird, ist in der nächsten Rubrik „Lit.“ zitiert. Die Kürzung der Zeitschriftentitel wurde nach „Periodica Chimica“ vorgenommen. Zweckmäßigerweise wurde jedoch „Collection of Czechoslovak Chemical Communications“ mit „Coll.“ abgekürzt.

In der Rubrik „Konstit.“ findet man einen Hinweis auf die Arbeit, in welcher die Konstitution des Stoffes bewiesen oder vorgeschlagen wurde. Die Rubrik „Vorkommen“ gibt die typischen Rohstoffe an, in denen der genannte Stoff vorkommt oder aus denen er isoliert werden kann.

In der vorletzten Rubrik „Bemerkg.“ sind in einigen Fällen gewisse Ausnahmeeigenschaften der Stoffe oder ihre gegenseitigen Beziehungen notiert. Hier können auch nachträglich zweckdienliche Eintragungen gemacht werden.

Die letzte Rubrik „Mess.“ enthält Angaben über die Experimentaltechnik der Messungen der Infrarotspektren, den Aggregatzustand, in welchem die Messung des Infrarotspektrums vorgenommen wurde, evtl. das Lösungsmittel sowie die Schichtdicke der Küvette.

Wir danken an dieser Stelle allen, die entweder bei der Entstehung der Sammlung oder bei ihrer Herausgabe mitgewirkt haben. Unser Dank gilt vor allem den Mitarbeitern der Naturstoffabteilung des Instituts für Chemie der Tschechoslowakischen Akademie der Wissenschaften, die alle an der Darstellung der gemessenen Stoffe beteiligt waren. Für die Überlassung wertvoller Präparate danken wir

Dr. S. C. Bhattacharyya, Poona, Indien
Dr. G. Büchi, Cambridge, USA
Dr. H. Erdtman, Stockholm, Schweden
Dr. A. Meisels, Rehovoth, Israel
Dr. I. Ognjanov, Sofia, Bulgarien
Dr. G. Ourisson, Strasbourg, Frankreich
Dr. G. W. Perold, Pretoria, Süd-Afrika
Dr. F. J. McQuillin, Newcastle upon Tyne, England
Dr. Abu Shady, Minneapolis, USA
Dr. M. D. Sutherland, Brisbane, Australien.

Frau S. Vašíčková danken wir für das sorgfältige Abzeichnen der Spektren, Frl. L. Dohnalová für die Maschinenschrift des Manuskripts und Frau R. Reiser für die Übersetzung dieser Einleitung.

Die Herausgabe der Sammlung ist nur möglich geworden durch eine großzügige Unterstützung der Kommission für Spektroskopie der Deutschen Akademie der Wissenschaften, und wir sind besonders dem Sekretär der Kommission, Herrn Prof. Dr. H. Jancke, Direktor des Instituts für Gerätebau der DAW, für sein großes Verständnis zu aufrichtigem Dank verbunden. Ferner danken wir dem wissenschaftlichen Mitarbeiter desselben Instituts, Herrn Dipl.-Phys. O. Nillius, der das ganze Manuskript sehr sorgfältig durchgesehen und zu seiner Verbesserung viel beigetragen hat. Herr Nillius war uns auch beim Korrekturlesen sehr behilflich. Schließlich danken wir auch dem Akademie-Verlag für die vorbildliche Ausstattung des Werkes.

J. Plíva, M. Horák, V. Herout, F. Šorm

Institut für Chemie der Tschechoslowakischen
Akademie der Wissenschaften
Praha 6, Na cvičišti 2.

LITERATURVERZEICHNIS

1. F. Šorm, J. Mleziva, Z. Arnold, J. Plíva, Coll. **14**, 699 (1949).
2. K. Dobriner, E. R. Katzenellenbogen, R. N. Jones: Infrared Absorption Spectra of Steroids, An Atlas. Interscience Publ., New York, 1953.
3. American Petroleum Institute (API) Research Project 44, Catalog of Infrared Spectral Data. Carnegie Institute of Technology, Pittsburgh.
4. V. Herout, Coll. **15**, 381 (1950).
5. L. J. Bellamy: The Infra-red Spectra of Complex Molecules. Methuen & Co. Ltd., London, 1954.
6. W. Brügel: Einführung in die Ultrarotspektroskopie. Steinkopff, Darmstadt, 1954.
7. R. N. Jones, C. Sandorfy: The Application of Infrared and Raman Spectrometry to the Elucidation of Molecular Structure. Technique of Organic Chemistry (Editor A. Weissberger), Vol. IX. Interscience Publ., New York, 1956.
8. L. Ruzicka: Über Konstitution und Zusammenhänge in der Sesquiterpenreihe. Gebr. Borntraeger, Berlin, 1928;
   L. Ruzicka, Experientia **9**, 357 (1953).
9. J. Plíva, F. Šorm, Coll. **14**, 274 (1949).
10. F. Šorm, V. Herout, J. Plíva, Uspechi Chimii **22**, 564 (1953).

ALPHABETISCHES VERZEICHNIS

SYSTEMATISCHES VERZEICHNIS

Typ: **Selinan** (Eudesman)

Eudalin, S 79.
Selinan (Eudesman), S 80.
α-Selinen, S 81.
β-Selinen, S 82.
regen. Selinen, S 83.
γ-Selinen, S 84.
Selinadien, S 85.
Eudesmol (Selinenol), S 86.
α-Eudesmol, S 87.
β-Eudesmol, S 88.
γ-Eudesmol, S 89.
Dihydroeudesmol, S 90.
Wacholdercampher, S 91.
Dihydrowacholdercampher, S 92.
Junenol, S 93.
Dihydrojunenol, S 94.
α-Costol (Sesquibenihiol), S 95.
(+)-α-Cyperon, S 96.
Dihydrojunenon, S 97.
Selinanon, S 98.
Alantolacton, S 99.
Tetrahydroalantolacton, S 100.
Dihydroisoalantolacton, S 101.
(—)-Santonin, S 102.
3-Ketosantanolid A, S 103.
3-Ketosantanolid B, S 104.
3-Ketosantanolid C, S 105.
Santanolid A, S 106.
Santanolid B, S 107.
Santanolid C, S 108.
Artemisin, S 109.
Selinendihydrochlorid, S 110.

Typ: **Eremophilan**

Dihydrohydroxyeremophilon, S 111.

Typ: **Daucan**

Daucalen, S 112.
Daucan, S 113, S 114.
Carotol, S 115.
Dihydrocarotol, S 116.
Daucol, S 117.
Laserol, S 118.
Laserpitin, S 119.
Isolaserpitin, S 120.
Desoxolaserpitin, S 121.
Carotoldihydrobromid, S 122.

Typ: **Guajan** (und verwandte Strukturen)

S-Guajazulen, S 123.
Se-Guajazulen, S 124.
Isoguajazulen, S 125.
Lactarazulen, S 126.
Chamazulen, S 127.
Se-Chamazulen, S 128.
Artemazulen, S 129.
Linderazulen, S 130.
Lactaroviolin, S 131.
Dihydrolactaroviolin, S 132.
Guajan, S 133.
Decahydro-Se-guajazulen, S 134.
Decahydrochamazulen, S 135.
Decahydroisoguajazulen, S 136.
Guajen, S 137.
δ-Guajen, S 138.
Chamazulenogen, S 139.
Guajol, S 140.
Dihydroguajol, S 141.
Dehydrocostuslacton, S 142.
Guajanolid (aus Dehydrocostuslacton), S 143.
Artabsin, S 144.
Hydroxyguajanolid A, S 145.
Hydroxyguajanolid B, S 146.
Hydroxyguajanolid C, S 147.
Guajanolid (aus Artabsin), S 148.
Arborescin, S. 149.
Absinthin, S. 150
Anabsinthin, S 151
Ambrosin, S 152.
Matricin, S 153.
8-Ketoguajanolid, S 154.
Guajanolid (aus Matricin), S 155.
Geigerin, S 156.
Isophotosantonsäurelacton-Acetat, S 157.
Lactucin, S 158.
Xanthinin, S 159.
Xanthatin, S 160.

Typ: **Vetivan**

Vetivazulen, S 161.

Gruppe: Vetivan
Vetivan, S 162.
(—)-Vetivenen, S 163.
α-Vetivon, S 164.
α-Vetivanon, S 165.

Gruppe: Isovetivan
Isovetivan, S 166, S 167.
α-Isovetivenen, S 168.
β-Isovetivenen, S 169.
β-Vetivon, S 170.
β-Vetivanon, S 171.

Gruppe: Neovetivan
Neovetivan, S 172.

Typ: **Zieran**

Zieron, S 173.

Typ: **Caryophyllan**

Caryophyllan, S 174, S 175.
Caryophyllen, S 176.
Isocaryophyllen, S 177.
Dihydrocaryophyllen, S 178.
Caryophyllenoxyd, S 179.
Dihydrocaryophyllenoxyd, S 180.
β-Betulenol, S 181.

Typ: **Acoran**

Acoran, S 182, S 183.
Acoron, S 184.

NOTIZEN

FSC
www.fsc.org
MIX
Papier | Fördert gute Waldnutzung
FSC® C083411

Zeitfracht Medien GmbH
Ferdinand-Jühlke-Straße 7
99095 Erfurt, Deutschland
produktsicherheit@kolibri360.de